蟠龙山省级地质公园

杨颖　主编

山东大学出版社

·济南·

图书在版编目(CIP)数据

蟠龙山省级地质公园 / 杨颖主编. —济南:山东
大学出版社,2021.4
ISBN 978-7-5607-6982-0

Ⅰ.①蟠… Ⅱ.①杨… Ⅲ.①地质－国家公园－介绍
－济南Ⅳ.①S759.93

中国版本图书馆 CIP 数据核字(2021)第 064360 号

策划编辑 张晓林
责任编辑 李艳玲
封面设计 泽坤广告

出版发行	山东大学出版社
社　　址	山东省济南市山大南路 20 号
邮政编码	250100
发行热线	(0531)88363008
经　　销	新华书店
印　　刷	山东和平商务有限公司
规　　格	880 毫米×1230 毫米　1/32 2 印张　50 千字
版　　次	2021 年 4 月第 1 版
印　　次	2021 年 4 月第 1 次印刷
定　　价	58.00 元

本书编委会

主　编：杨　颖

副主编：刘兆成　李启标　孔小云
　　　　雷炳霄

委　员：姚传栋　张清平　郭丰佐
　　　　薛振龙　杨振华　孔　涛
　　　　孟祥科　薛保华　白延钊
　　　　郭东存　任永欣

前　言

　　济南蟠龙山省级地质公园位于济南市东郊,东起狼猫山水库,西至蟠龙村,南到泰山庙,北至309国道以南的御史陵墓,总面积为23.5 km²。公园交通便利,紧邻东绕城高速公路、旅游路和港西路等多条济南东部重要交通干线,并有309国道和济青高速南线经临。距济南市区仅30分钟车程。

　　蟠龙山属于鲁中山地泰山余脉北缘,位于山前倾斜平原与黄河冲积平原接壤的过渡地带,是构造剥蚀和溶蚀地貌的低山丘陵区。公园内沟壑纵横,孤峰突耸,绝壁陡峭,错落有致。狼猫山水库位于公园的东侧,三面环山,水面宽阔,水质优良,就像一颗蓝色的宝石点缀公园,给人增添了无限遐想。

　　蟠龙山处于华北地层区鲁西分区泰安小区,地质公园内出露的地层为古生界寒武系、奥陶系和第四系。从地质遗迹类型分析,公园内地质遗迹主要发育在奥陶系石灰岩地层中。

　　2006年9月,山东省国土资源厅批准建立“济南蟠龙山省级地质公园”。公园内地质遗迹点主要由溶蚀、剥蚀、侵蚀、风化作用及构造作用所形成,包括溶蚀(溶洞)地质遗迹、崩塌地质遗迹、构造地质遗迹、构造剥蚀地质遗迹、水体地质遗迹等。

地质公园内人文景观丰富,有御史房彦谦墓、乾隆首栽山东第一槐、龙洞佛隐寺、唐寺、荣茂顶泰山庙、清照故迹等,文化底蕴深厚,识别度较高。

公园吸引了不同领域的专家学者和游客前来研究学习和旅游观光,带动并促进了地区旅游业的发展,形成了以地质保护与开发为核心、旅游发展为动力、区域资源整合为助力的地质公园建设发展模式。

目　录

走进蟠龙山

一、交通位置

蟠龙山位于济南市东部,地质公园分为两个园区,即淌豆泉园区和龙洞-定海神针园区,地处济南市历城区管辖范围内的南部山区,位于狼猫山水库以西、绕城高速以东、旅游路以南,济莱高速东西贯穿其中。淌豆泉园区地理坐标极值为东经117°12′20.00″～117°13′04.93″,北纬36°36′45.45″～36°37′31.58″;龙洞-定海神针园区地理坐标极值为东经117°13′43.96″～117°15′17.47″,北纬36°36′34.68″～36°37′59.41″。

二、气象水文

(一)气象条件

蟠龙山地处中纬度地带,由于受太阳辐射、大气环流和地理环境的影响,属暖温带大陆性季风气候。其主要气候特征是:季风明显,四季分明;冬冷夏热,雨量集中。夏季受热带、副热带海洋气团影响,盛行来自海洋的暖湿气流,天气炎热,雨量充沛,光照充足,多偏南风。春季和秋季是冬季转夏季、夏季转冬季的过渡季节,风向多变。一年之中,处在不同大气环流的控制之下,构成了春暖、夏热、秋爽、冬寒四季变化分明的气候。

蟠龙山年平均气温为13℃～14℃。1月份最冷,平均为-3.5℃～-1.4℃;7月份最热,平均为27℃。

园区年光照资源比较丰富,年日照总时数为2491～2737 h,每日平均7.0～7.5 h,年平均日照百分率为56%～62%。日照百分率以5月份最多,平均为62%～66%。7、8月份处于雨季,日照百分率较低,平均为48%～57%。

蟠龙山风向随季节而变化,冬季盛行西北、北和东北风,夏季盛行东南、南和西南风,春、秋两季风向多变。最大风速为33 m/s(12级),全年以4月份风速较大,平均风速为18～26 m/s。干燥度平均为1.15～1.24,属于水分不足的半湿润气候区,无霜期平均为190～218d。最大冻土深度为45 cm左右,最大积雪深度为20 cm左右。

蟠龙山多年(1951～2012年)平均降水量为670.5 mm,最大年降水量为1147.4 mm(1962年),最小年降水量为314.0 mm(1968年),如图1所示。降水年内分配极不均匀,6～9月份降水占年度降水的70%以上。

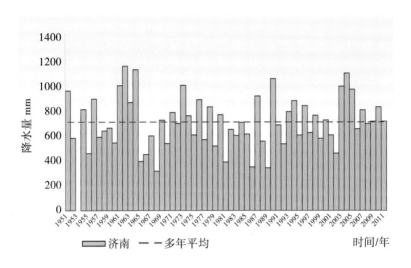

图 1　1951～2012 年济南市降水量

（二）水文条件

1. 水库

蟠龙山省级地质公园东部的狼猫山水库是中型山区水库,水库流域面积为82 km²,包括 32 个自然村,25 万多人口。该流域年平均降水量为685 mm,最大拦蓄水量为 1300 万 m³,水位高程为187 m。水质清澈,水域宽阔,是济南市唯一的全国重点防洪水库,也是济南市东部城区城市供水唯一的地表水源地。

2. 泉

泉是地下水的天然露头,在地形面与含水层或含水通道相交点地下水出露成泉,山区丘陵及山前地带的沟谷与坡脚常常可见。根据补给泉的含水层性质,可将泉分为上升泉和下降泉两大类:上升泉由承压含水层补给,下降泉由潜水或上层滞水补给。蟠龙山省级地质公园泉水较多,其中有名的为蟠龙泉、淌豆泉,两泉均为无压裂

3

隙岩溶含水层补给的泉,即下降泉,其水流在重力作用下呈下降运动。泉水动态受气象、水文等因素影响,存在季节性变化,在丰水期形成泉水。

3. 水系

济南蟠龙山省级地质公园附近主要河流为巨野河,发源于历城区大龙堂村,途经小龙堂村、孙村、抬头河村,向北注入小清河,全长约40 km。狼猫山水库的截流,使水库以下河段基本常年无水,仅在丰水期狼猫山水库溢洪时有短时水流。

三、植物与动物

蟠龙山地质公园同时也是蟠龙山森林公园,森林覆盖率达98.5%,植被覆盖率达99.5%。植物群落具有乔木、灌木和草本植物三层结构,乔木参天茂密,林相整齐美观,名花与古木并存,园内木本植物共计34科62属80余种。鸟类和野生动物主要有杜鹃、麻雀、啄木鸟、喜鹊、黄鼠狼、狐狸、獾和狼等。

奇花异草在此生长,飞禽走兽在此栖息。这里春天万点飞花,夏日漫山滴翠,秋来红叶斑斓,冬季白雪皑皑,天然"氧吧"令人心旷神怡,如图2至图5所示。

这里有高山深谷、嶙峋怪石、清清泉水、古树名木。在此可以登山健身,体味山林野趣;可以泛舟龙涎潭,徜徉青山碧水间;可以垂钓岸边,享受愿者上钩的情趣。

图 2　蟠龙山春季

图 3　蟠龙山夏季

图 4　蟠龙山秋季

图 5　蟠龙山冬季

蟠龙山的自然地理

一、蟠龙山的地形地貌

济南市处于鲁中山地与鲁北平原的过渡地带,市境以南的泰山玉皇顶(海拔1545 m),是鲁中山地也是山东的最高峰。境内山地呈扇形环绕在泰岱的西北部,地势为南高北低。最南部的长城岭,是济南市与泰安市的分界线,同时也构成了大汶河水系与小清河、玉符河的分水岭,最高点(摩天岭)海拔为988.8 m。市区西北部为黄河,黄河与山前冲洪积平原之间有小清河,两河均为不对称水系,右岸多支流,左岸支流少而短。济南地貌由南向北依次为中山区(绝对高度为1000~3500 m,相对高度为200~1000 m),低山区(绝对高度为500~1000 m,相对高度为200~500 m),丘陵区(相对高度小于200 m),山前洪积平原和黄河冲积平原。蟠龙山地质公园位于低山地貌单元,园区内最高点为黑峪山(海拔为413 m),总体地势南高北低。蟠龙山地貌如图6所示。

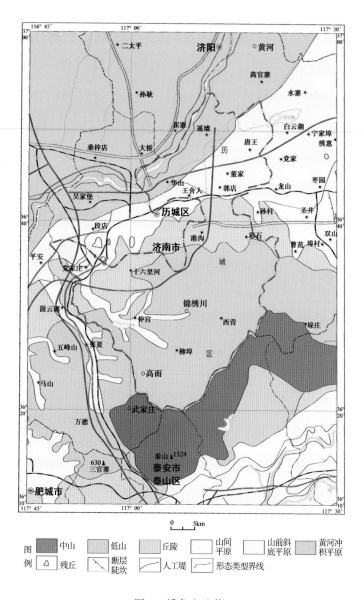

图例 中山 低山 丘陵 山间平原 山前斜底平原 黄河冲积平原

残丘 断层陡坎 人工堤 形态类型界线

图 6   蟠龙山地貌

8

自然界处于无休止的运动和变化中。地球经历了 46 亿年漫长的演化历程,形成了现今海洋、大陆分异,地质复杂的自然状态。蟠龙山现在的地形地貌形态,也是长期经受内外营力作用演变的结果,特别是在白垩纪燕山运动时期(距今约 1.37～0.65 亿年),伴随着岩浆岩的侵入与火山岩的喷发,产生了大面积的升降、较大的断裂与局部的弯状隆起。济南南部以大幅度的上升为主。

喜马拉雅运动(距今约 0.65 亿年～?)在本区对燕山运动有继承性,进一步破坏并改造了原有形态,基本形成今日之地貌。

在喜山期,约在新近系上新世或更早,有一个地壳相对稳定时期,高处经受剥蚀,低处接受沉积,形成了一个夷平面,即鲁中期地面。后来地壳活动加强,继续产生断裂与大面积的上升运动,断裂使鲁中期地面进一步变形,而上升幅度不均匀,上升量为 500～1000 m。泰山上升幅度最大,北部、西北部小,使地面向北、西北倾斜,形成了泰山穹隆。蟠龙山现有奥陶系灰岩的层面产状均为本次运动的表现。

二、蟠龙山的地貌成因

漫长复杂的地质作用在地壳上留下了很多的构造行迹,通过对其深入分析研究,就会揭示其演化发展历史。在地质历史发展过程中有明显的阶段性,包括活动期和相对宁静期。在活动期,岩浆作用、变质作用、构造作用非常强烈,且多相伴产出,形成了许多灾害性的地质事件。后期往往以稳定的升降为主要特征。在上升区以风化剥蚀为主,在坳、降区则表现为沉积作用。蟠龙山地区地质地貌的形成过程,经历了岩浆作用、沉积作用、变质作用及各种内外营力的相互作用。

蟠龙山地质公园所在的济南地区经历了漫长的地质演化发展史,从古至今包括新太古代,古元古代,中、新元古代,古生代和中、新生代等五大地质时期。不同地质时期的综合地质事件表明,本区具有沉积不连续性、岩浆演化阶段性、构造发展继承性等特征。

(一)新太古代

太古代是地史上最早的一个时期,也是延续时间最长且最重要的一个时期。新太古代先后形成了区内已知最老的泰山岩群及阜平期、五台期侵入岩,并先后经历了异常激烈的变质作用和构造作用。

精确同位素地质测年结果表明,泰山岩群形成时代为2900~2700 Ma[①]。原始地壳在由塑性转向刚性地壳的硬化过程中,处于稳定—活动—再稳定的旋回性活动环境,岩浆活动除了正常侵入外,必然要冲破在此之前硬化了的地壳稳定活动环境,以喷发溢流方式形成火山熔岩和火山碎屑岩,这就是本区以变质基性火山岩为主,超基性、基性火山熔岩、火山碎屑岩呈韵律性的泰山岩群。

阜平运动早期(2750~2700 Ma),整个鲁西发生过地壳挤压推覆构造运动,将已形成的泰山岩群沿一系列陡倾的断裂束推覆成若干叠瓦状断片。自此以后,其原始层理随着构造作用而变位或被改造。深埋于地壳深部的泰山岩群普遍遭受了热动力变质,其程度达到低角闪岩相。

阜平运动晚期(2700~2600 Ma),地壳以韧性剪切扩张为主,

---

① Ma:地质年代单位,百万年。

陆壳增生,在类似于现今的板块运动和构造作用下,强烈的岩浆活动,大面积的 TTG 侵位,形成了石英闪长岩-奥长花岗岩系列的泰山-新甫山-峄山序列,同时使较早形成的万山庄序列呈零星分散的残留体和包体存在,在构造作用下变形,出现片麻状构造和柔皱褶曲。

新太古代末期,即五台构造运动期(2600～2500 Ma),地壳褶皱回返逐渐抬升,陆壳逐渐变薄并有韧性剪切扩张,早已形成的侵入岩产生了片麻状构造,泰山岩群同样遭受了强烈变形。此期岩浆作用也异常强烈,由闪长岩-英云闪长岩-奥长花岗岩-花岗闪长岩组成演化序列的岩体先后侵位。

(二)古元古代

古元古代从2500 Ma开始,到1800 Ma为止,经历了漫长的地质历史阶段,属吕梁运动期。这个时期的岩浆活动和构造作用依然比较强烈。总趋势是陆壳变薄,构造层次逐渐变浅。

吕梁运动早期(2500～2000 Ma),区内伴随深部构造、岩浆作用,幔源岩浆上升带来大量的热,引起已形成的陆壳发生深熔作用,从而有傲徕山超单元之酸性岩浆往往沿已形成的背斜的核部侵位。由于地壳隆升,构造层次由深变浅,岩石形成由韧性向韧脆性转化,地壳在此发生固结,趋于稳定,地幔热流继续下降。

2000～1800 Ma为吕梁运动晚期,由于地壳的张合变化,伴随热事件的发生,形成了韧性剪切带的几组面理构造,至此结束了区内早寒武纪地质演化史。

(三)中、新元古代

从中元古代开始,地壳变厚并趋于稳定,岩浆活动也大为减弱。

该期未见酸性岩浆活动，表明本区地壳已基本固化，也即克拉通化。自此本区的基底成型，并成为稳定的地体，长期处于隆起状态，广遭剥蚀。

（四）古生代

经历了中、新元古代漫长的风化剥蚀历史之后，于早寒武纪晚期第二统——龙王庙期，开始下降接受沉积，从而也就开始了海相沉积地层的历史。早寒武世，本区处于潮坪环境，为碳酸盐和泥质沉积。中寒武世早、中期，由潮坪（沙泥坪）逐渐向台地边滩过渡，沉积形成了紫灰色云母页岩夹鲕粒灰岩、砾屑灰岩和部分薄层砂岩。晚期开始由浅海滩相（鲕粒滩）向台地边缘礁相过渡，沉积形成了大套鲕粒灰岩。晚寒武世海水加深。

奥陶纪初期，本区继承了晚寒武世陆棚内缘斜坡相，沉积形成了一套泥质晶质沉积物。随后本区上隆，海水变浅，由海水的大量蒸发、咸化使已形成的灰泥沉积物在脱水固结的过程中白云岩化，形成了三山子组白云岩，又因当时沉积物中胶凝状硅质集中，形成了燧石结核和条带。

早奥陶世红花期末，由于怀远运动，本区地壳上隆，由海变陆，沉积间断，遭受剥蚀，形成准平原。到水湾期才又下沉接受沉积，形成马家沟组东黄山段角砾状泥质白云岩和北庵庄段厚层泥晶灰岩及其以上的地层。

中奥陶世晚期至晚石炭巴什基尔期，本区又遭受风化剥蚀，直到晚石炭世莫斯科期，本区再度再现回落，形成海陆相沉积地层，从而开创了第一个成煤期地质历史。在奥陶系不整合面之上，发育少许铁铝粉黏土岩和铝土矿后，继而形成了灰色泥岩、粉砂岩夹石灰岩的煤系地层。

古生代华力西末期,区域内整体上升,一次性完全结束了海洋的历史。

(五)中、新生代

中、新生代本区长期处于抬升状态,由于在总体隆升中垂直运动的差异,剥蚀、沉积在本区同时进行,高地部位遭受剥蚀,相对低洼处形成了陆相沉积。

三、地层与岩浆岩

(一)地层

蟠龙山公园区属华北地层大区(Ⅴ)、晋冀鲁豫地层区(Ⅴ 4),南部属鲁西地层分区(Ⅴ 410),北部属华北平原地区分区。区内地层发育较为齐全,分布有基底岩系和盖层,属二元结构。地层从老至新依次为新太古代泰山岩群,古生代长清群、九龙群、马家沟群、月门沟群、石盒子群,中生代石千峰群、淄博群、莱阳群、青山群,新生代古近纪济阳群、新近纪黄骅群和第四系。具体如图 7 所示。

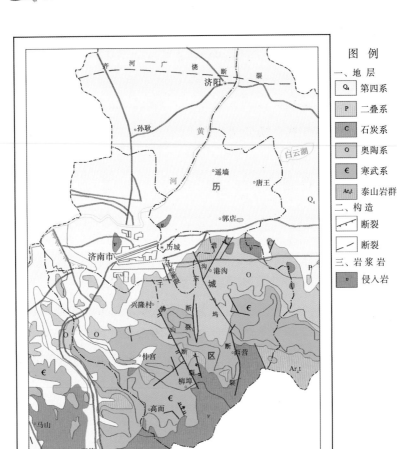

图 7　蟠龙山园区周围地质略图

1. 新太古代泰山岩群（$Ar_3T.$）

出露于历城区南部山区，岩性主要为斜长角闪岩、黑云变粒岩等，自下而上分为孟家屯岩组、雁翎关组、山草峪组和柳杭组。

14

（1）孟家屯岩组（Ar_3m），据岩石组合可分为两段：一段以粒度粗、石榴石含量高、黑云母含量少为特征，局部可见粒度呈粗、中、细的韵律性变化，岩性以石榴石英岩夹中细粒石榴长石英岩为主，顶部为中粒石榴角闪石英岩，厚 96 m。二段以粒度细、石榴石少、黑云母多为特征，且有磁铁石英岩夹层，主要岩性为石榴黑云石英岩、含石榴黑云长石石英岩，厚 106 m。

（2）雁翎关组（Ar_3y），岩性主要为细粒、微细粒斜长角闪岩、角闪变粒岩，出露厚度 41～371 m。

（3）山草峪组（$Ar_3\hat{s}$），岩性主要为含石榴黑云变粒岩夹角闪变粒岩，厚度 83～144.5 m。

（4）柳杭组（Ar_3l），岩性主要为微细粒斜长角闪岩、绿泥片岩等，厚度 374～744 m。

2. 下寒武系长清群（$\in_{2\text{-}3}\hat{C}$）

位于寒武系下部，由东往西超覆于前寒武系变质基底之上，其上与九龙群呈整合接触。长清群自下而上分为李官组、朱砂洞组、馒头组。

（1）李官组（$\in_1l$），下部以中厚层中粒石英砂岩为主，多见波痕及斜层理构造，底部多发育复成分砾岩、角砾岩，上部以砖红色厚层砂质泥岩、泥岩为主夹薄层泥云岩及少量页岩，常见石盐假晶印痕。其下与震旦纪土门群平行不整合或与前寒武纪变质基底异岩不整合接触，其上与朱砂洞组整合接触。

（2）朱砂洞组（$\in_2\hat{z}$），岩性以灰岩、白云岩为主，夹紫红色粉砂质泥岩，厚度 53～163 m。

（3）馒头组（$\in_{2\text{-}3}m$），岩性以紫红色页岩为主，夹云泥岩、泥云岩、白云岩、灰岩及中粒石英砂岩,厚度 200 m 左右。

3.寒武-奥陶系九龙群($\in_3$-O_1J)

九龙群是跨系的岩石地层单位,属寒武系第三统-芙蓉统-下奥陶统,与上覆马家沟群平行不整合接触,下与长清群整合接触。九龙群主要由碳酸盐岩组成,地层厚度 600 m 左右,由下而上分为张夏组、崮山组、炒米店组及三山子组。

(1)张夏组($\in_3\hat{z}$),岩性主要为厚层鲕状灰岩、叠层石藻礁灰岩及黄绿色钙质页岩、薄层灰岩,厚度 178 m 左右。

(2)崮山组($\in_{3-4}g$),岩性以黄绿(夹紫红)色页岩、灰色薄层疙瘩状-链条状灰岩、竹叶状灰岩互层为主,夹蓝灰色薄板状灰岩,地层厚度 62 m 左右。

(3)炒米店组($\in_4O_1\hat{c}$),岩性以灰色薄层泥质条带灰岩、生物碎屑灰岩、鲕粒灰岩、中厚层竹叶状灰岩为主,夹厚层叠层石藻礁灰岩,厚度 169 m 左右。

(4)三山子组($\in_4O_1s$),岩性以灰色厚层白云岩为主,夹中薄层白云岩,上部含较多燧石结核或条带,厚度 146 m 左右。

4.奥陶系马家沟群($O_{2-3}M$)

马家沟群上与石炭系本溪组平行不整合接触,下与九龙群平行不整合接触,由相间分布的白云岩、灰岩组成,依其岩性组合特征由下而上划为东黄山组、北庵庄组、土峪组、五阳山组、阁庄组、八陡组六个组级岩石地层单位,总厚度 847 m 左右。

(1)东黄山组(O_2d),由黄绿色薄层泥质微晶白云岩、土黄色角砾状泥质白云岩和灰色中厚层纹层状微晶白云岩夹少量微晶灰岩和角砾岩组成,底以怀远间断面为界与三山子组平行不整合接触,

16

顶与北庵庄石灰岩段整合接触,厚度 87 m 左右。

(2)北庵庄组(O_2b),以灰、深灰色中薄层微晶灰岩、厚层云斑灰岩为主,中上部夹少量白云岩,厚度 127 m 左右。

(3)土峪组(O_2t),以土黄色、紫灰色中薄层微晶白云岩为主,夹黄绿色薄层泥晶白云岩、藻层纹状微晶白云岩和膏溶角砾岩,厚度 96～155 m。

(4)五阳山组(O_2w),岩性为灰色中厚层泥晶灰岩、云斑灰岩夹中薄层白云岩,中下部灰岩中含燧石结核,厚度 200～300 m。

(5)阁庄组(O_2g),岩性以黄灰色中薄层泥晶白云岩为主,夹角砾状白云岩和钙质页岩及薄层灰岩,其下与五阳山石灰岩段、其上与八陡石灰岩段均为整合接触,厚度 10～24 m。

(6)八陡组($O_{2-3}b$),岩性以深灰色中厚层灰岩为主,偶夹薄层白云岩,灰岩纯度高,厚度 6～120 m。

5.石炭-二叠系月门沟群(C_2P_2Y)

月门沟群自下而上依次划分为本溪组、太原组、山西组。

(1)本溪组(C_2b),岩性以灰、浅灰色泥岩为主,夹少量的细砂岩,含大量的黄铁矿结核;底部为铁铝质泥岩,局部为底砾岩。厚度 6～8 m。与下伏马家沟群呈平行不整合接触。

(2)太原组(C_2P_1t),为本地区主要含煤地层。岩性以灰黑色粉砂岩、泥岩为主,夹灰色细砂岩、深灰色灰岩。含煤 9 层,可采、局部可采煤层 4～6 层。含石灰岩 7 层,自上而下依次编号为一、二、三、四、五、六、七。其中四、五、六灰较厚,四灰、五灰常合并为一层,厚度 6～8 m,七灰即徐家庄灰岩,厚度 8～10 m。太原组的顶界为一灰之顶,底界以徐家庄灰岩底界与下伏本溪组分界。太原组区域厚度

$150\sim175$ m，一般 160 m 左右。

（3）山西组（$P_{1-2}\hat{s}$），岩性以灰、灰黑色中、细砂岩及粉砂岩为主；底部为厚度 $3\sim5$ m 的中、细粒长石石英砂岩。顶以泥岩基本结束、黄绿色砂岩大量出现为界，底以太原组顶部灰岩顶面为界。

6.二叠系石盒子群（$P_{2-3}\hat{S}$）

区域上石盒子群自下而上划分为黑山组、万山组、奎山组、孝妇河组，区内只发育下部万山组和黑山组，上部地层被剥蚀。

（1）黑山组（P_2h）：灰白色、灰绿色粉砂岩夹灰绿色、灰色泥岩、细砂岩。顶部为灰白色粗粒砂岩。本组区域厚度 $53\sim97$ m。

（2）万山组（P_2w）：主体岩性为青灰、灰绿、粉砂岩和黏土岩，底部为青灰色铝土质泥岩（B 层铝土岩），上部夹灰白色砂岩，区域厚度 $125\sim160$ m。

7.第四系

第四系地层广泛分布于历城区中北部山前倾斜平原区和黄河冲积平原区，另在南部丘陵山区的沟谷内也有小范围分布；在北部平原区主要分布平原组、黑土湖组、黄河组，在南部丘陵山区主要分布沂河组、大站组。受构造运动和所处地貌单元控制，第四系地层厚度变化较大。

（二）岩浆岩

区内岩浆岩发育较好，属鲁西岩浆岩区，按成因类型分为侵入岩和火山岩。侵入岩形成时代有新太古代、中元古代和中生代。新太古代侵入岩主要为中酸性岩；中元古代、中生代侵入岩主要为中基性岩。岩浆岩在蟠龙山园区周围主要分布如表 1 所示。

表 1　岩浆岩在蟠龙山园区周围主要分布地区

年代单位			岩石谱系单位				主要分布地区
代	纪	世	序列	单元	代号	岩性	
中生代	白垩纪	早白垩世	沂南	铜汉庄	$K_1\delta o\mu Yt$	石英闪长玢岩	高而乡中南部、出泉沟东邱和核桃园一带
				核桃园	$K_1\delta oYh$	细粒角闪石英闪长岩	少量分布在高而乡小核桃园一带
				邱家庄	$K_1\delta Yq$	斑状细粒角闪闪长岩	分布在高而乡北邱至高家庄一带
				大有	$K_1\delta Ydy$	中细粒含黑云角闪闪长岩	历城顿邱、沙沟一带
			济南	药山	$K_1 vJy$	中粒苏长辉长岩	华山
				无影山	$K_1\sigma vJw$	中粒含苏橄榄辉长岩	主要分布在卧牛山一带
中元古代				牛岚	$Ch\beta\mu n$	辉绿岩脉	分布在西营镇梯子山以南一带
新太古代		晚期	傲徕山	松山	$Ar_3\eta\gamma As$	中粒二长花岗岩	分布在高而乡十八盘、柳埠镇的东升村、龙王崖一带
			峄山	窝铺	$Ar_3\gamma\delta oYwp$	中粒黑云英云闪长岩	分布在柳埠镇车子峪村一带
				大众桥	$Ar_3\delta oYd$	中粒黑云石英闪长岩	分布在柳埠镇中南部一带
				桃科	$Ar_3\delta Yt$	斑状细粒含黑云角闪闪长岩	城南部桃科以北地区
		中期	新甫山	上港	$Ar_3\gamma oXs$	片麻状中粒含黑云奥长花岗岩	历城南部西营、锦绣川
			黄前	麻塔	$Ar_3\psi oHm$	粗粒变角闪石岩	历城南部下降甘、桃科、柳埠、侯家庄
		早期	泰山	望府山	$Ar_3\gamma\delta oTw$	条带状细粒含黑云英云闪长质片麻岩	大量分布在柳埠镇中南部和西营镇东南部一带
			万山庄	南官庄	$Ar_3\upsilon Wn$	中细粒变辉长岩(斜长角闪岩)	西营镇南部下降甘、柳埠桃科、黄巢一带

四、地质构造

蟠龙山园区位于华北板块（Ⅰ级）鲁西地块（Ⅱ级）鲁中隆块（Ⅲ级）泰山—沂山隆起（Ⅳ级）区，大部分地区位于泰山凸起（Ⅴ级）的北部，东北部的部分地区（遥墙镇、唐王镇等）位于东阿—齐河潜凸（Ⅴ级）的东南部，最北部距齐河—广饶断裂仅12 km。

济南地区南依泰山隆起，北临齐河—广饶断裂。大地构造上处于新华夏第二隆起带的鲁西隆起与新华夏第二沉降带的鲁西北坳陷的过渡带，是以古生代地层为主体的北倾单斜构造。区域内地壳中生代燕山期强烈活动，形成了NNE（北北东）、NNW（北北西）和近EW（东西）向的三组断裂，它们归属于鲁西系外旋回层的伴生构造。园区周围的地质构造在总体上可分为断裂和褶皱。

（一）断裂

区内发育的构造有NNW向的千佛山断裂、文化桥断裂、东坞断裂；NE向的港沟断裂，该断裂与东坞断裂相交。

1. 千佛山断裂

出露于千佛山西南侧，长约25 km，呈320°～350°走向，向南西倾，倾角为78°。它切穿古生界盖层，并且西盘地层下降。断裂带内发育有张性角砾岩，宽者五六米，窄处仅数十厘米。角砾成分主要为两侧岩石，属于先张后压扭的断裂。断裂西盘近断层西处地层产状变化大，局部形成小型向斜褶曲。断裂北段有灰绿岩脉充填，沿断裂上盘的层间滑动破碎带，辉绿岩呈岩床产出。北部通过桑梓店的一条北西向隐伏断裂，可能是该断裂的北延部分。

2.文化桥断裂

文化桥断裂南起羊头峪,经山东省体工大队西侧至济南市中心医院西侧的文化桥附近向北延伸。走向为 NNW,倾向西南,倾角大于 60°。

3.东坞断裂

东坞断裂位于历城区东部,南起泰山群分布的下阁老村,经西营镇、港沟镇西,并被港沟镇断裂截切后,向 NNW 进入第四系隐伏区,经刘志远村、义和庄、大水坡村延伸过黄河。该断裂走向为335°～345°,主断面倾向南西,倾角为 60°～70°,上盘下降,为高角度正断层。

4.港沟断裂

由数条近 SN 向和 NNE 向断裂组成,其中,近 SN 向断层均为高角度正断层,倾向为 60°～80°,倾角为 35°。NNE 向断层压性特征明显,部分为逆断层,主干断裂全长约31 km。

(二)褶皱

主要分布于历城区兴隆庄—老虎洞山一带,由一系列褶曲群组成。呈近东西向平行展布,两翼不对称,北翼倾角为 20°～25°,南翼倾角为 35°～40°,褶曲间距一般为500～700 m。

五、新构造活动与地震

(一)新构造活动

历城区地处鲁西北断陷的过渡带,是以古生代地层为主体的北倾单斜构造。区域内地壳中生代燕山期强烈活动,形成了

NNW 向的千佛山断裂、文化桥断裂、东坞断裂；NE 向的断裂为港沟断裂，该断裂与东坞断裂相交。区域稳定性与以上断裂的复活性密切相关。历城区新构造活动断裂包括千佛山断裂和东坞断裂。

（二）地震

山东境内较大的活动断裂如郯庐、聊考断裂，严重影响着强震的发生。由山东省地震局发布的《山东省近期地震危险区判定与研究》可知，在近期内发生较大地震的可能性很小。济南市东距郯庐断裂 165 km，西至聊考断裂 80 km，处于地震震中网格的空白部位，缺乏强震产生的地质背景。因此，历史上地震规模较小，震源小，震级亦低。据近 600 年的地震史料记载（见表 2），震级最高为 5.5 级，其余多为有感地震，主要集中在 NNW 断裂上，尤其是这些断裂北段与近 EW 向断裂的交汇部位。其中发震频率较高的首推千佛山断裂，近 600 年来发生地震 7 次，震级为 3～3.5 级，震间平静期为 28～277 年，震级和平静期无增减趋势，且震中位置多在下盘。根据《中国地震动参数区划图》（GB 18306—2001），历城区地震动峰值加速度值为 0.05 g，对应地震基本烈度为 Ⅵ 度，属区域地壳稳定区。

表2 蟠龙山园区周围地震记录

发震时间			震中位置	震级	复活断裂名称	断裂产状			断裂主要特征	规模/km
年	月	日	地点			走向	倾向	倾角		
1662	4	17	长清老屯	5.5	马山断裂	330°	南西	—	隐伏断裂	60
1678	7	—	长清小辛庄	3						
1887	7	—	长清老屯	3						
1904	2	—	长清老屯	3						
1375	5	16	国棉一厂附近	3	千佛山断裂带	320°~350°	南西	78°	南露北伏高角度正断层	30
1403	6	20	国棉一厂附近	3.5						
1542	3	15	国棉一厂附近	3						
1598	7	13	国棉一厂附近	3.5						
1622	—	—	国棉一厂附近	3						
1909	11	14	国棉一厂附近	3						
1978	9	25	洛口	3.1						
1390	2	1	长清平安店	4.5	平安店断裂	350°	北东至东	—	南露北伏正断层	30
1622	4	17	长清平安店	4.5						
1909	12	—	长清大彦庄	4						
1437	4	11	市区黄河北岸	5	东坞断裂	330°~345°	南西	60°~80°	南露北伏高角度正断层	35
1986	9	17	齐河石门高东	3.3	炒米店断裂	10°	东南	50°~85°	隐伏断裂	

23

蟠龙山的典型地质遗迹

地质遗迹是指在地球演化的漫长的地质历史时期,由于内外动力的地质作用,形成、发展并遗留下来的珍贵的、不可再生的地质自然遗产。它包括山水名胜、自然风光等自然遗产,也包括在晚近地质历史时期人类形成过程中,人类与地质体相互作用和人类开发利用地质环境所形成的地质资源遗迹以及地质灾害遗迹。

我国的主要地质遗迹类型有标准地质剖面、著名古生物化石遗址、地质构造形迹、典型地质与地貌景观、特大型矿床、地质灾害遗迹等六大类型。

每个地质遗迹都有可讲述的故事,都经历过特定的地质事件,记录着一段段曾经发生的地球演化,带来了地球内部众多的信息。地质遗迹不仅讲述着它自己的故事,也在讲述着史前的地史。地质学家们通过对地质遗迹的分析,可以解读曾经发生过的事情。

蟠龙山省级地质公园主要的地质遗迹有典型地质与地貌景观的岩溶洞穴地貌、水文地质遗迹地貌(泉水)、由节理和小型断裂构造及风化作用形成的陡崖峭壁、地质构造遗迹(背斜)、崩塌地质灾害遗迹等。

一、典型地质与地貌景观

(一)寒武-奥陶纪碳酸盐岩形成的岩溶地貌

人们常说"水滴石穿",柔弱的水滴之所以能够穿透坚硬的石头,其中不乏水能溶解岩石成分的作用。当这种含有碳酸的水滴落到石灰石、大理石一类的石块上时,就会与石块中的碳酸钙发生化学反应而生成可溶性碳酸氢钙,使石块局部缓慢溶解并流失。许多景色绮丽的溶洞,就是流水雕琢出来的。

1.岩溶地貌概述

岩溶地貌又称喀斯特地貌(karst landform),是具有溶蚀力的水对可溶性岩石进行溶蚀所形成的地表和地下形态的总称。喀斯特(karst)一词源自前南斯拉夫西北部伊斯特拉半岛碳酸盐岩高原的名称,当地称为 kras,意为岩石裸露的地方。"喀斯特地貌"因近代喀斯特研究发源于该地而得名。它以溶蚀作用为主,还包括流水的冲蚀、潜蚀以及坍陷等机械侵蚀过程,这种作用及其产生的现象统称为喀斯特。

喀斯特地貌的形成为石灰岩地区地下水长期溶蚀的结果。碳酸钙有这样一种性质:当它遇到溶有二氧化碳(CO_2)的水时就会变成可溶性的碳酸氢钙[$Ca(HCO_3)_2$];溶有碳酸氢钙的水如果受热或遇压强突然变小时,溶在水中的碳酸氢钙就会分解,重新变成碳酸钙沉积下来,同时放出二氧化碳。在自然界中不断发生上述反应,于是就形成了溶洞中的各种景观。

2.岩溶发育的基本条件

第一,具有可溶性的岩层。

第二,具有溶解能力(含 CO_2)和足够流量的水。

第三,地表水的下渗、地下水有流动的途径。

3.溶洞的发育过程

溶洞是岩溶作用所形成的地下岩洞的总称,它是地下水沿可溶性岩体的各种构造面,比如层面、节理面或断裂面,特别是沿着各种构造面互相交叉的地方,逐渐溶蚀、崩塌和侵蚀而开拓出来的洞穴。单一溶洞的形成大体可分为三个阶段:

(1)裂隙溶蚀扩大阶段:在相对稳定的时期,大气降水沿可溶岩中已有的构造裂隙下渗,在岩石裂隙中渗流,水流分散,属于散慢渗流方式。同时水流溶蚀裂隙四周的岩石,在区域性侵蚀基准面附近,对溶蚀敏感的地段或部位,随着溶蚀通道的慢慢扩大,开始形成溶洞。这个时期仍以溶蚀作用为主。

(2)溶洞形成阶段:随着侵蚀基准面附近溶洞的形成,地下水流线调整为向溶洞顶端聚敛,同时促使溶洞向岩体内发展,在靠近山体附近的区域内形成溶洞。随着地下通道的贯通,地下水流速越来越快,溶蚀作用越来越强,空洞不断扩大,侵蚀和崩塌作用加强。在侵蚀和崩塌作用下,洞穴迅速扩大。

(3)溶洞发展塑造阶段:离山体较近的区域溶洞形成主通道后,水流就转化成管道流,地下水位显著下降,水流更趋集中于溶蚀强烈的较小范围内,这样周而复始的循环,使溶洞不断变高和加长,并在溶洞内形成石钟乳、石柱等沉积物微地貌。

4.典型的喀斯特地貌溶洞——龙洞

位于蟠龙山地质公园内的龙洞-定海神针园区内有一处历史悠久的、典型的喀斯特地貌溶洞。当地人俗称"龙洞",洞口位于蟠龙山南侧山谷近顶部处(见图 8),海拔高程约为 310 m,相对高度约为 150 m。山体由奥陶纪马家沟组北庵庄段厚层灰岩构成。地层倾向为 45°,倾角为 10°左右。洞体循岩层层面发育,向 NE 方向微倾延伸,无分支,是一个典型的单通道水平廊道式洞穴。大部分洞段宽 3～6 m,高 2～6 m,进深 300 多米处变为一个宽 26 m、高 13 m 的洞厅,向里缩窄,通道宽仅 1.2 m,洞穴的展布方向明显受裂隙控制,几处洞段成直角转折。洞内溶蚀现象发育,如呈蜂窝状的小窝穴,洞顶成串的大窝穴,此外还有波痕、边槽等形态。洞底有大量黏土、崩积物和钙华沉积。

龙洞主要由地下水流沿主导节理裂隙不断渗流并溶蚀岩石,使岩石裂隙逐渐扩展而形成。龙洞所发育的地层距今约 4.5 亿年,组成岩性为海相沉积的奥陶纪马家沟组北庵庄段(O_2b)灰、深灰色灰岩,夹白云质泥质灰岩等,洞中的石钟乳等次生化学沉积物的形成距今 20～30 Ma。洞穴的奥秘神奇让人叹为观止。洞体大致从北东至南西、北西至南东方向延展,沿两组主要节理裂隙发育方向呈锯齿状分布,洞内总长度约有 3 km。洞内各处宽窄不同,洞中有洞,曲幽深远。洞壁发育有形状各异的岩溶造型,如溶槽、溶沟、溶珊瑚、石钟乳、石笋、石锥、石花、石柱、石幔、石瀑等,千姿百态、琳琅满目,在灯光的映射下呈现出光怪陆离、梦幻般的景象,构成了各种奇异景观(见图 9、图 10)。

图 8 龙洞洞口

图 9 洞内景点

28

图 10　龙洞形态图

（二）风化作用形成的陡崖、峭壁等地质遗迹

1.峭壁地貌景观遗迹

公园内地貌起伏很大，相对高差近300 m，可见由断裂节理形成的断崖、陡壁、崩塌等地质灾害遗迹发育。

在龙洞-定海神针园区南侧黑峪山主峰之北，与龙洞隔山相望，水平距离约1.5 km处耸立一尊巨石，高近100 m，长约30 m，宽约20 m，是发育在奥陶纪马家沟组北庵庄段（O_2b）厚层灰岩中一块陡立的柱状巨石。上下近似直立，周围岩体局部节理裂隙发育，主要发育走向为 340°、倾角为 85°和走向为 125°、倾角为 90°的两组节理裂隙。在长期的流水侵蚀和地震作用下，节理裂隙周边的岩体塌落，巨石表面坚硬完整，具有凹凸不平的节理糙面，产状与周围山体基岩大致相同。该景观主要是由节理和小型断裂构造及风化作用形成的地质地貌遗迹，如图 11 至图 14 所示。

29

图 11 "定海神针"近景

图 12 "定海神针"远景

图 13　峭壁

图 14　陡崖

2. 长城石地貌景观遗迹

"定海神针"地质遗迹南侧山顶处有一处狭长的陡壁,山顶宽度为几米至十几米,两侧巨石壁立,峭拔嶙峋,绝崖深涧,云雾缭绕,惊险莫测,形似中国古代伟大的防御工程——万里长城,俗称"长城石"(见图15)。

"长城石"地貌景观的形成过程和山东沂蒙地区所特有的"岱崮"地貌景观如出一辙,这一奇特的地质地貌景观是构造作用、沉积作用、风化剥蚀作用和各种内外应力的相互作用累积叠加的结果。它的形成过程与该区沉积的地层岩性、构造运动及风化剥蚀作用密切相关。

图 15　山体顶部的峭壁"长城石"

（三）地层沉积

古生代早寒武世开始遭受海侵，接受沉积，形成了浅海陆棚沉积组合。早寒武世—中寒武世早期，以陆源沉积物为主。中寒武世晚期—晚寒武世，沉积物以碳酸盐岩、鲕粒灰岩相、礁灰岩相及灰岩相为主，沉积建造为碳酸盐岩、陆源碎屑岩。

（四）构造运动剥蚀

新生代由于受喜马拉雅运动的影响，地壳活动加强，该区沉积的碳酸盐岩、砂质页岩、巨厚的张夏组（鲕状灰岩）地层逐渐被抬升，遭受风化剥蚀，以至暴露地表。灰岩岩石脆性大，颗粒之间具方解石胶结，加之独特的构造位置，多期次叠加的构造应力作用，形成了发育极好的节理裂隙，加速了厚层灰岩的破裂，在之后的漫长地质历史演化过程中，遭受长期的地表水侵蚀、渗入溶蚀、酸雨、冰劈、河流切割、冲刷及风化剥蚀和重力崩塌等多重地质作用，岩石分裂。两侧岩体崩落后形成现在之地貌。

二、地质灾害遗迹

（一）地质灾害

在自然或者人为因素的作用下形成的，对人类生命、财产、生存环境造成破坏和损失的地质作用（现象）被称为地质灾害。地质作用可分为自然地质作用和工程地质作用。

自然地质作用是指自然营力所引起的地壳物质组成及其内部构造或地表形态上的变化和发展的作用，自然营力有内动力和外动力之分。内动力地质作用一般认为是由于地球自转产生的旋转能、上地幔热液对流引起的板块运动和放射性元素蜕变产生的热能等，引起地壳物质成分、内部结构以及地表形态发生变化的作用和过程,如岩浆侵入与火山喷发,地壳运动导致的褶皱、断裂、地震等。外动力地质作用是以外能为主要能源,在地表及其附近进行的地质作用。其中重力是最主要的参与者,起着非常重要的作用。外力作用实质是以各种形式的水、大气和生物为动力,塑造和改造地壳表层的过程。根据作用过程和结果可将外动力地质作用划分为风化作用、剥蚀作用、搬运作用、沉积作用、沉积成岩作用和斜坡运动。

工程地质作用是指在地表及其附近所进行的人类工程活动(如人工边坡、地下洞室的开挖,填海造地,露天或地下矿山等)导致地表形态发生变化的作用和过程,如矿坑塌陷、边坡失稳等。

只有危及人类生命、财产与生存环境的地质作用才能称为地质灾害。地质灾害通常指由地质作用引起的人民生命和财产损失的灾害。地质灾害可划分为30多种类型。由降雨、融雪、地震等因素诱发的称为自然地质灾害;由工程开挖、堆载、爆破、弃土等引发的称为人为地质灾害。根据2003年国务院颁发的《地质灾害防治条例》规定,常见的地质灾害主要指危害人民生命和财产安全的崩塌、滑坡、泥石流、地面塌陷、地裂缝、地面沉降等六种与地质作用有关的灾害。

(二)崩塌地质灾害

1.崩塌特征

蟠龙山省级地质公园内的地质灾害遗迹为崩塌地质灾害。崩塌(崩落、垮塌或塌方)是指较陡斜坡上的岩土体在重力作用下突然脱离母体崩落、滚动、堆积在坡脚(或沟谷)的地质作用(现象)。地形特点如图16所示。崩塌的发生条件可以归纳为四个字:裂、陡、空、落。第一,岩体开裂,裂隙延伸贯通;第二,边坡陡峭;第三,有临空面,为崩落提供空间;第四,块石滚落。具体如图17所示。

崩塌体与坡体的分离界面称为崩塌面,崩塌面往往就是倾角很大的界面,如节理、片理、劈理、层面、破碎带等。崩塌体的运动方式为倾倒、崩落。崩塌体碎块在运动过程中滚动或跳跃,最后在坡脚处形成堆积地貌——崩塌倒石锥。崩塌倒石锥结构松散、杂乱、无层理、多孔隙;由于崩塌所产生的气浪作用,细小颗粒的运动距离更远一些,因而在水平方向上有一定的分选性。

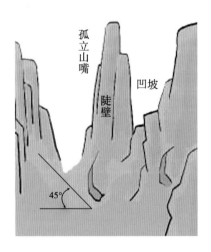

图 16　崩塌产生的地形特点

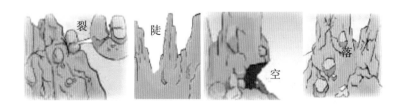

图 17　崩塌发生示意图

2. 崩塌的诱发因素

(1)地震:地震引起坡体晃动,破坏坡体平衡,从而诱发坡体崩塌,一般烈度大于7度的地震都会诱发大量崩塌。

(2)融雪、降雨:特别是大暴雨、暴雨和长时间的连续降雨,使地表水渗入坡体,软化岩土及其中软弱面,产生孔隙水压力等从而诱发崩塌。

(3)地表冲刷、浸泡:河流等地表水体不断地冲刷边脚,也能诱发崩塌。

(4)不合理的人类活动:开挖坡脚,地下采空,水库蓄水、泄水等改变坡体原始平衡状态的人类活动,都会诱发崩塌活动。

(5)一些其他因素,如冻胀、昼夜温度变化等也会诱发崩塌。

3. 崩塌遗迹景观

蟠龙山崩塌地质灾害遗迹景观,位于"定海神针"南侧,距主峰山顶北侧不远处山脊的凹洼处。崩塌点处为一坐南朝北的圈椅形地带,其东、南、西侧均为表面陡立的厚层灰岩山体,局部节理裂隙发育很好,并具有一定的方向性;主要节理发育方向分别为 NE65°和 NW315°,北侧为山谷出口朝向;地面坡度大于 45°,凹地宽度为 300~400 m。该处地层产状一般为倾向 15°,倾角 13°。崩塌遗迹现场低洼处堆有大量碎石块,大小不等,大者体积为 5~10 m³,均沿山坡朝山脚处滚落堆积,碎石裸露堆积南北长 500~800 m,最宽处为 100~200 m。碎石缝隙长满粗细不等的各种树木,其直径大者有几十厘米(见图18、图19)。据推测,该崩塌可能是由距今 300 多年的郯城大地震造成的。

　　该崩塌遗迹是岩石在地质内外应力的作用下，其抗剪力超过自身强度极限，使整体岩块脱离基岩母体，突然从陡峭的斜坡上崩落下来，并沿着斜坡猛烈翻滚、跳跃，最后坠落在坡前形成的。它的破坏活动是急剧的、短促的，其规模大小受岩性的抗剪应力、裂隙风化程度、岩石自身质量、坡度大小、空间范围等因素控制。其主要是由地质构造应力作用所形成的。

图 18　崩塌倒石堆

图 19　崩塌滚落的巨石

4.构造地质遗迹

在地壳运动的强大挤压作用下,岩层会发生塑性变形,产生一系列的波状弯曲,叫作褶皱。褶皱的基本单位是褶曲,褶曲有向斜、背斜两种基本形态。岩层向上弯曲是背斜,向下弯曲是向斜,如图20所示。岩层自中心向外倾斜,核部是老岩层,两翼是新岩层。但是,由于向斜槽部受到挤压,物质坚实不易被侵蚀,经长期侵蚀后反而可能成为山岭,相应的背斜却会因岩石拉张易被侵蚀而形成谷地。背斜构造是蟠龙山省级地质公园主要的构造地质遗迹,位于山脊处,由中厚层状灰岩组成。该背斜轴向近东西向,北翼产状为350°∠28°(350°代表走向,下同),南翼产状为185°∠28°。其核部截面出露面积约有近千平方米,轴部顶端受力后弯曲层状清晰完整,层理明显,两翼突出,平行轴向节理裂隙发育很好,两侧岩层产状明显相背。岩层节理裂隙缝内生长有众多的松树及少量的矮小杂树丛。该处为南北向挤压应力作用所形成的典型背斜构造。

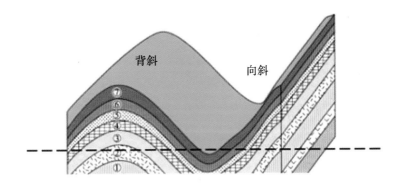

图 20　背斜、向斜示意图

注:①～⑦代表地层由老到新。

三、水文地质遗迹(泉水)

泉是地下水天然出露至地表的地点,或者地下含水层露出地表的地点。根据水流状况的不同,可以将泉分为间歇泉和常流泉。如果地下水露出地表后没有形成明显水流,称为渗水。

在地质公园内主要分布的泉水包括蟠龙泉(见图 21)、淌豆泉(见图 22),均由无压裂隙岩溶含水层补给,类型为下降泉,其水流在重力作用下呈下降运动,泉水动态受气象、水文因素影响,有季节性变化。

图 21　蟠龙泉

图 22　淌豆泉

游览蟠龙山

一、"定海神针"（构造地质遗迹）

该构造地质遗迹点位于黑峪山主峰之北，基岩柱石高约40 m，长约30 m，宽约20 m，上下近似直立，被当地居民称为"定海神针"（见图23）。

图 23 "定海神针"

二、龙洞(溶蚀地质遗迹)

该处地质遗迹为典型的喀斯特溶蚀形成的溶洞,洞口呈方形,高约20 m,宽约20 m,洞体呈北东—南西、北西—南东方向延展,洞内现总长度约为3 km(见图24)。根据推测,洞中各岩溶造型形成年代为20～30 Ma。

图 24　龙洞

三、背斜(构造剥蚀地质遗迹)

由于岩石具有一定的塑性,当受到应力挤压时岩层会发生弯曲,形成褶皱。褶皱中心部位为核,两侧比较平直的部位为翼。整体形态上凸,核部较老而翼部相对较新的褶皱为背斜;整体下凸,核部地层新而翼部地层老的褶皱为向斜。

蟠龙山背斜轴向呈近东西向,核部截面出露面积近千平方米,两翼受力后弯曲,层状清晰完整,层理明显,平行于轴向的节理裂隙发育很好,产状对称明显,如图 25 所示。

图 25　背斜

四、崩塌地质遗迹

崩塌体南北长 500～800 m,东西宽 100～200 m,属小型岩质崩塌地质遗迹点。据专家推测,该处崩塌地质遗迹点是由距今 300 多年的郯城大地震造成的,如图 26 所示。

图 26　崩塌

五、岩溶景观

岩溶作用是水流对可溶性岩石进行的以化学作用（溶解和沉淀）为主的，并伴随有机械作用（流水侵蚀和沉积、重力崩塌和堆积）的地质作用。岩溶作用的结果是形成岩溶地貌景观（见图27）。自然界最普遍而规模最大的岩溶现象多发生在石灰岩、大理岩和白云岩等碳酸盐岩类岩石中。

图 27　岩溶

六、泥裂景观

泥裂又称干裂、龟裂纹,是指泥质沉积物或灰泥沉积物暴露干涸、收缩而产生的裂隙,在层面上呈多角形或网状龟裂纹,裂隙呈"V"形断面,也可呈"U"形,可指示顶底面(见图28)。裂隙被上覆层的砂质、粉砂质充填。

图 28　泥裂

七、蟠龙泉(裂隙岩含水层补给泉)

蟠龙泉是典型的下降泉,喷涌量最大可达$100\sim150$ m^3/h,主要补给来源为南部地区降水和冰雪融化入渗。泉水水质甘甜,矿化度小于1000 mg/L,硬度小于450 mg/L,水化学类型为重碳酸钙型,可直接饮用(见图 29)。

图 29 蟠龙泉

八、植物景观

特殊的地理位置和生态环境,孕育了独特的植被群落,形成了独具特色的植被景观。主要有柏树林景观(见图 30)、刺槐林景观等类型。春天万点飞花,夏日漫山滴翠,秋来红叶斑斓,冬季白雪皑皑,令人心旷神怡。另外,还有极具特色的九爪槐、千年银杏树等。

图 30 柏树林

47

九、乾隆手栽山东第一槐

蟠龙山中有一弯曲盘虬、形似龙爪的槐树,胸径达45 cm,相传为乾隆亲手所栽。乾隆巡江南时行至蟠龙山,但见山如蟠龙、景色优美、树木葱郁,顿生喜悦之情,于是亲手栽下一棵槐树,遂成今日之气象,该树又称"山东第一槐"(见图31)。

图31　乾隆手栽山东第一槐

十、银杏树景观

银杏树有母子两株,大树胸径为60 cm,要两人才可环抱,树高10 m以上。不知其为何人所种,树龄几何。两树相伴而生,形成"母子树"景观,树干笔直挺立,树冠青翠可人,成为一处远近闻名的景点(见图32)。

图 32　银杏树

十一、御史房彦谦墓

御史房彦谦墓是省级保护文物。房彦谦是唐太宗时期的宰相房玄龄之父。墓碑首和碑身为一整块巨石,高约4 m,宽约1.4 m,厚0.4 m。碑首凸雕螭龙。碑额篆书"唐故徐州都督房公碑"9字,碑文阴刻2500余字,由"一代文宗"李百药撰写,唐代四大书法家之一的欧阳询书丹。欧阳询以楷书闻名于世,而此碑文则是露锋隶书,介于楷隶之间,体现了北魏"由隶转楷,以楷写隶"之余习,实为初唐书法石刻之珍品(见图33)。

图33　御史房彦谦墓

十二、龙洞佛隐寺

佛隐寺始建于北魏时期,是举世罕见的洞内寺庙。寺中尚存北魏佛像和金代石刻造像,有着极高的佛教研究价值和造像艺术价值(见图 34)。

图 34　龙洞佛隐寺

十三、荣茂顶泰山庙

相传很久之前,当地一村民在山脚下种地,突然间腹痛难忍,情急之下跪在地上朝着荣茂顶磕起头来。没想到,他刚磕完头,肚子竟然不疼了。后来,这个消息在村里传开来,大家都认为荣茂顶是一座神山,逢事便来山上磕头祭拜。民国时期,宅科村几位有名望的人出钱组织在山顶上建庙,即为今日泰山庙(见图 35)。泰山庙建成之后,香火缭绕,游客络绎不绝,成为当地群众的祭拜之地。

图 35　荣茂顶泰山庙

十四、清照故迹

蟠龙山曾留下了李清照的足迹。当时她丈夫赵明诚在济南府为官,李清照则居住在故乡章丘。从李清照故里通往济南府只有蟠龙山这一条路。李清照每次到济南府探望丈夫的路上,蟠龙山秀丽的景色都会为她带来创作灵感。夫妇二人也常会选在蟠龙山相见,共诉思念之情。图 36 为清照采菊图。

图 36　清照采菊图

十五、百鸟清音谷

山谷中的林木、溪水、果实，人工设置的引鸟器，以不同的方式吸引着鸟类盘旋驻足，人工饲养的各种鸟和小型飞禽发出一阵阵宛若天籁的清音。具体如图 37 至图 39 所示。

图 37　比翼双飞

图 38　百鸟巢归

图 39　戏水守望

十六、唐寺

相传唐太宗东征高丽时行军至蟠龙山，无水无粮，太宗拔剑刺入石壁曰："天绝我也？"忽然电闪雷鸣，阴云密布，太宗大奇，于是拔剑，甘泉从石壁中喷涌而出，太宗大军得救。后来有僧人建寺于泉上，称唐寺，又称淌豆寺（见图 40、图 41）。

图 40 唐寺外景

图 41 唐寺内景

策划编辑 张晓林
责任编辑 李艳玲
封面设计 泽坤广告

ISBN 978-7-5607-6982-0

定价: 58.00 元

范文 李培 熊炜 曹琰波
主编

秦巴山区
地质灾害防治
科普手册

Qinba Shanqu
Dizhi Zaihai Fangzhi
Kepu Shouce

山东大学出版社